中国科学院特支项目 KSZD-EW-TZ-005 经费资助

走进动物王国科普丛书

繁盛的家

昆虫

中国科学院昆明动物研究所 编

河南科学技术出版社
· 郑州 ·

图书在版编目（CIP）数据

繁盛的家族——昆虫 / 中国科学院昆明动物研究所编. —郑州：河南科学技术
出版社，2013.12（2018.12重印）
（走进动物王国科普丛书）
ISBN 978-7-5349-6822-8

Ⅰ.①繁…　Ⅱ.①中…　Ⅲ.①昆虫-青年读物②昆虫-少年读物　Ⅳ.①Q96-49

中国版本图书馆CIP数据核字（2013）第296049号

出版发行：河南科学技术出版社
　　　　　地址：郑州市金水东路39号　邮编：450016
　　　　　电话：（0371）65737028　　65788613
　　　　　网址：www.hnstp.cn
策划编辑：李义坤　　邮箱：hnstpnys@126.com
责任编辑：李义坤
责任校对：丁秀荣
封面设计：张　伟
版式设计：张　伟
责任印制：张　巍
印　　刷：北京盛通印刷股份有限公司
经　　销：全国新华书店
幅面尺寸：170 mm×185 mm　　印张：$3\frac{1}{3}$　字数：72千字
版　　次：2013年12月第1版　2018年12月第3次印刷
定　　价：20.00元

《走进动物王国科普丛书》编委会

主　任　姚永刚

副主任　郗建勋　王　文　黄京飞

编　委　赖　仞　施　鹏　杨君兴　蒋学龙

　　　　杨晓君　饶定齐　车　静　陈小勇

　　　　熊　江　张丽坤　马晓锋　吴丽彬

《繁盛的家族——昆虫》编写人员名单

主　　编　张丽坤

执行主编　吴丽彬

参编人员　张丽坤　吴丽彬　马晓锋　李开琴　陈泉燕

序

地球上有多少种动物？

这个问题动物学家也无法确切回答。目前，已经知道且被命名的动物约有 150 万种。随着人类对自然界的不断探索，新发现的物种逐年增加；同时，也有一些物种在消亡。

动物们分布在地球的各个角落，从地下到空中，从两极到赤道，从水域到沙漠，从高山到平原，无处不在。它们种类繁多，千姿百态。

中国是生物多样性特别丰富的国家之一，同时也是生物多样性受威胁最严重的国家之一，保护与恢复的任务艰巨。部分动物，人类与它们接近相对容易，便于认知其生存现状，容易凝聚起保护意识；但更多种类的动物，人们通常难以看到，从而忽视了它们的存在，唤起人们保护它们的意识也更为困难。

云南素有"动物王国"的美誉，其得天独厚的地域优势和多类型的生态环境造就了极其丰富的野生动物资源。昆明动物博物馆凭借地域优势和丰富的物种资源，基于中国科学院昆明动物研究所五十多年的科研积累和几代科学家的辛勤工作，成功举办了动物系列专题展览，引起了较好的社会反响，收到了良好效益。

在动物系列专题展览基础上，编者采撷国内外优秀科技成果，编撰整理了科普丛书《走进动物王国》。该丛书语言严谨科学、通俗易懂、生动活泼、风趣幽默，配以精心整理、种类繁多的动物图片，形象生动地展示和阐释了生存在地球上的各类动物的形态、生活习性与生存情况，以及它们和人类社会千丝万缕的联系，从而引起人们对形态各异的动物的关注，唤起人们探索动物王国的兴趣，促进人们关注和保护生态环境。

让我们一起走进动物王国，认识它们，关心它们的生存与发展，与它们和谐共处。

中国科学院院士

2013 年 12 月 8 日 于北京

前 言

昆虫是地球上最古老的动物之一，出现在3.5亿年前的泥盆纪，发展至今已成为生物界中种类最多的类群。

全世界已知昆虫有100多万种，它们形状不同、习性相远、体态迥异、色彩万千。动物的多样性，以昆虫表现得最为显著。

昆虫世界丰富奇妙，在地球上，从地下到空中，从两极到赤

虫呓
（摄影：王峥）

道，从水域到沙漠，从平原到高山，它们无所不在。昆虫一生常经历卵、幼虫、蛹和成虫的生长发育阶段，以极强的环境适应能力、灵活多样的运动方式、超强的繁殖功能，以及个体小、所需食物较少且生存空间小，又能巧妙运用保护色、警戒色和拟态等进化成果，成为动物中最繁荣昌盛的一族。

昆虫与人类关系十分密切。在人类文明的早期，人类即已知道直接食用、药用一些昆虫，利用昆虫的分泌物或产出物（如蚕丝、蜂蜜、紫胶、白蜡），以及观赏昆虫。文学作品中的昆虫形象更是彰显人与昆虫的亲近。然而，昆虫对农、林、蔬、果等的侵食，或直接攻击人体、传播疾病又使"人虫之战"不可忽视。

昆虫为众多鸟兽等提供了生存所需的食物，是植物繁育的"媒婆"。捕食或寄生性昆虫为保护植物做出了巨大的贡献，其中有一些昆虫还是自然界里默默的"清洁员"。小小昆虫构成了世界生物体系最大的食物链网。没有昆虫在自然界里的这些服务，生态系统和它所支撑的生命（包括人类）将受到重大影响。

编 者
2013 年 8 月

目　录

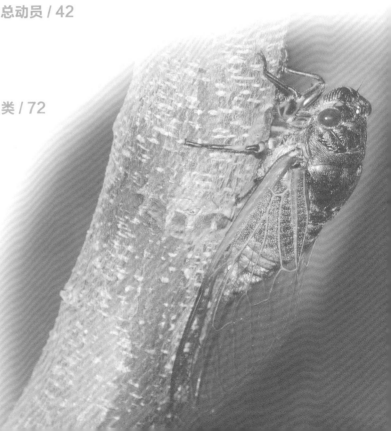

带您走进昆虫的神秘王国
　　领略昆虫世界的精彩故事

第一部分

走近昆虫

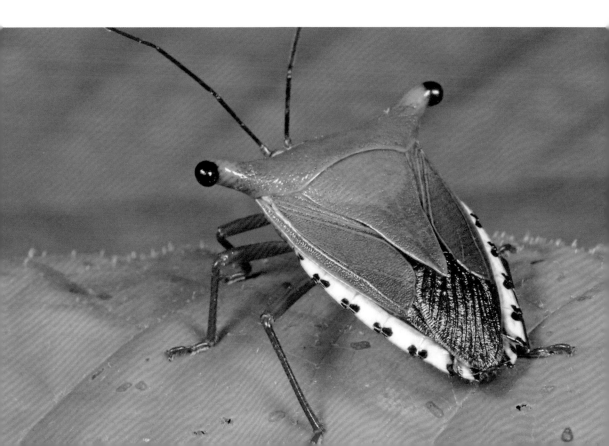

昆虫属节肢动物门中的昆虫纲。它与所有的节肢动物一样，有分节的足和坚韧的几丁质表皮，成虫有 6 条足，通常有翅。身体分头、胸和腹 3 段。

头部有口器（嘴）、触角和眼，是感觉和取食中心。

胸部具 3 对足，一般有 2 对翅，是运动中心。

腹部通常有 11 个体节，其中包含着生殖系统和大部分内脏，是生殖与代谢中心。

昆虫的个体发育一般会经过卵、幼虫、蛹等一系列内部及外部形态上的变化，才能变为成虫。

昆虫的生活史

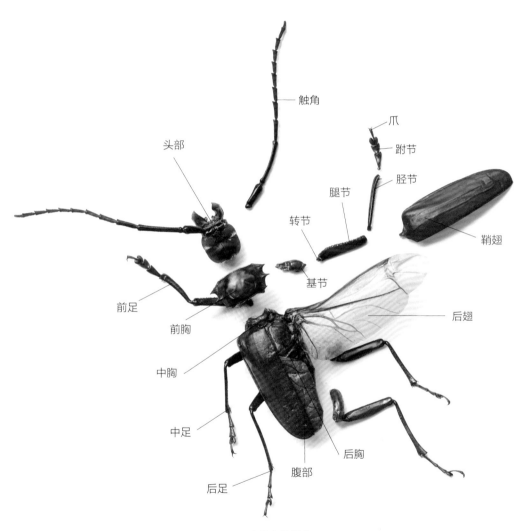

触角

头部

爪

跗节

胫节

腿节

转节

鞘翅

基节

前足

后翅

前胸

中胸

中足

后胸

后足

腹部

昆虫的身体结构
（摄影：马晓锋 协助：吴丽彬 标本制作：陈泉燕）

昆虫的躯体

　　昆虫虽小，"五脏俱全"。昆虫几丁质的外骨骼（体壁）包裹着各种组织和器官，包括背血管、消化系统、排泄器官、神经系统、呼吸系统、生殖系统和肌肉系统等。

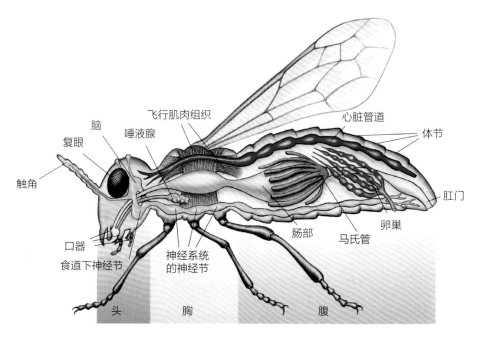

昆虫躯体及其内部解剖示意图

［摘自（德）萨比娜·斯特格豪斯－考瓦克／文，（德）阿尔诺·科尔布／图，徐侃，译.
《有趣的昆虫》］

它们是昆虫吗？

昆虫是节肢动物门中的一个纲，该门其他纲的种类如蛛形纲的蜘蛛、蝎子、疥螨，甲壳纲的虾、蟹、水蚤、鼠妇（潮虫、土鳖），多足的蜈蚣、马陆、蚰蜒等都是昆虫的近亲，它们与昆虫一样都有分节的身体和分节的附肢，但在形态上却各有特点，而重要的区别是：其成虫的足都比昆虫多，昆虫成虫只有6条（3对）足。身体的分段情况也不同，昆虫分头、胸、腹3段，该门其他纲的种类都只有2段。

蜘蛛 身体分头胸部（前体）和腹部（后体）两部分，头不明显，无触角，有4对足。

（摄影：蔡丽珠）

13

蝎子 与蜘蛛同属蛛形纲。典型的特征包括瘦长的身体、螯、弯曲分段且带有毒刺的尾巴。

（摄影：蔡丽珠）

蜈蚣 身体分为头部和胴部（胸与腹部的合并体），有 1 对触角，蜈蚣的胴部由许多体节组成，每一节上有 1 对足，为多足动物，属于唇足纲。

（摄影：蔡丽珠）

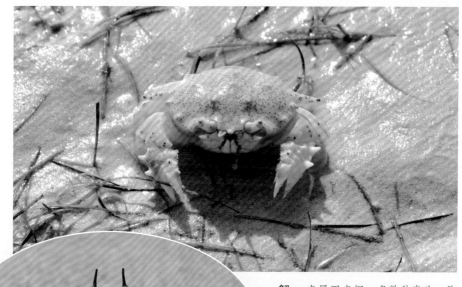

蟹 隶属甲壳纲。多数种类头、胸合并为头胸部，背部有硬甲，有2对触角、5对足。常见的动物鼠妇也是本纲的种类。

（摄影：蔡丽珠）

二、昆虫成功的秘密

在整个进化过程中，昆虫的一些形态结构和生物学特点，使它们成为地球上繁盛的动物类群。

影响昆虫繁盛的因素及其作用

因素	作用
表皮（外骨骼）	表皮坚韧且不透水，有助于昆虫的自我保护和不失水
翅与飞翔	能快速躲避天敌、逃离不良环境，寻找新的栖息地和食物，有利于求偶并建立新的种群
强大、快速繁殖能力	应对变化的环境，保持一定的种群数量
个体小	能利用广泛的小生境，一粒米或豆即能维持米象或豆象一生之所需，一棵树可承养大量昆虫
口器类型多变	食物来源广泛，食性有分化、取食类型、部位有差异、各取所需，生存机会增多
一生多变态	适应环境的变化

（一）昆虫奇特的嘴

　　昆虫的取食器官，我们称为口器。各种昆虫因食性和取食方式不同，形成了不同类型的口器，如咀嚼式口器、吸收式口器和嚼吸式口器。

　　1. 咀嚼式口器　咀嚼式口器是比较原始的口器类型，昆虫其他类型的口器都是从这一基本的口器类型演变而来的。它包括上唇、上颚、舌、下颚和下唇五个部分，如天牛、蝗虫、螳螂、蟋蟀等都为咀嚼式口器，可吃固体食物。

天牛的口器
（摄影：李俊）

蝗虫
（摄影：马晓锋）

2. **吸收式口器** 吸收式口器包括刺吸式口器、虹吸式口器、舐吸式口器和刮吸式口器。

（1）刺吸式口器：是为吸食动物血液或植物汁液的取食器。该类口器必须刺破动、植物表皮，其上颚和下颚的一部分变成了细长口针；另外还需要具强有力的抽吸液体的"泵"式构造——食窦（dòu）；为了保护口针，下唇延长成喙，如蝽、蝉和蚜虫等。有些吸食动物血液的种类为阻止血液凝结而注入其唾液，吸血后致使动物皮肤瘙痒，如蚊。

刺吸式口器还包括捕吸式口器和锉吸式口器。

1）捕吸式口器：它是蚁狮（脉翅目昆虫的幼虫）所特有的口器，其外形似一对镰刀，又具刺吸构造。蚁狮捕食时，口器刺入猎物的身体内并注入其消化液，然

蝽的口器
（摄影：熊江）

蝶的口器
（摄影：李俊）

后再将消化后的食物吸入体内。

2）锉吸式口器：为蓟马类昆虫所特有，取食时用口针将寄主组织刮破，然后吸取寄主流出的汁液。主要特征是右上颚口针退化或消失而出现的左右不对称状口器。

（2）虹吸式口器：它是蝶、蛾类特有的口器，特化成一个能卷曲与伸展的空心长管，称为喙，适于吸吮深藏于花中的花蜜，也可吸食水分和果汁等。这类口器用时伸开，不用时盘卷在头的下方。

（3）舐吸式口器：它是蝇类特有的口器。这种口器有大而椭圆形的唇瓣，用时可展开成盘状，取食时唇瓣平贴在食物上，舐吸液体。

（4）刮吸式口器：这是双翅目蝇类幼虫蛆具有的口器。此类口器外观仅见一对口钩。取食时，先用口钩刮食物，然后吸收汁液和固体碎屑。

蝇的口器
（摄影：莫明忠）

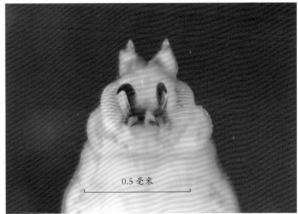

0.5 毫米

蝇类幼虫的口器
（摄影：李开琴）

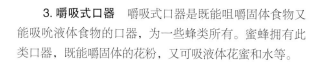

3. 嚼吸式口器 嚼吸式口器是既能咀嚼固体食物又能吸吮液体食物的口器，为一些蜂类所有。蜜蜂拥有此类口器，既能嚼固体的花粉，又可吸液体花蜜和水等。

1.0 毫米

蜜蜂的口器
（摄影：李开琴）

蝶恋花

（二）昆虫的视觉

昆虫的视觉功能由复眼和单眼完成。

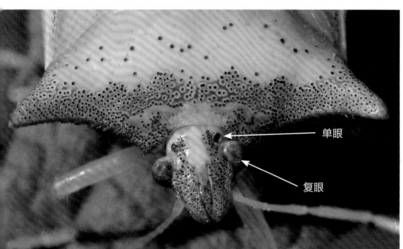

蝽的单眼和复眼
（摄影：李俊）

中的小眼数量差别很大，最少的是一种蚂蚁的工蚁，每个复眼只有一个小眼；家蝇的复眼约有 4 000 个小眼，有的蛾子的复眼约有 15 000 个小眼，蜻蜓约有 28 000 个小眼。昆虫复眼对移动的物体比较敏感，对接近自身的物体可做出迅速反应。

1. **单眼**　昆虫的单眼分为背单眼和侧单眼两种。背单眼常在成虫和不完全变态的幼虫（如小蚂蚱）头部可见，侧单眼为完全变态的幼虫（如毛毛虫）所具有。

2. **复眼**　昆虫的头部有一对复眼，是主要的视觉器官，能辨别物体的形状。复眼由一些大小相同的小眼组成，小眼的面一般呈六边形；小眼的数量越多，昆虫的视力就越好。各类昆虫复眼

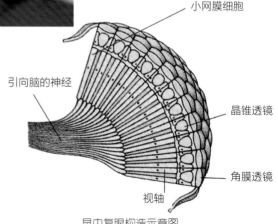

小网膜细胞

引向脑的神经

晶锥透镜

角膜透镜

视轴

昆虫复眼构造示意图
［摘自（英）乔治·C.麦加文 著，王琛柱 译 《自然珍藏图鉴·昆虫》］

组成昆虫复眼的每个小眼有数个小"镜片"，光线经过"镜片"到达通常由 8 个长形视网膜细胞组成的视觉柱，它的中央是视轴，光线通过视轴传入神经，每个小眼只能接收物体的一个光点，各个小眼的光点拼合起来成为一个完整的图像。

　　复眼的形状多种多样，有圆形、卵圆形和肾形等。

蝇的复眼

（三）触觉、嗅觉和味觉

昆虫的触角是重要的感觉器官，具有触觉、嗅觉和听觉功能。触角的表面有不同类型的感受器，分别能感受不同的刺激，如能感受化学物质的化学感受器（感化器）、能感受体内外机械刺激的机械力感触器、对声音感受的听觉器等。

昆虫的化学感受器常分布在口器、跗节以及昆虫躯体的其他部位上。在寻找食物和配偶时发挥嗅觉和味觉功能。

蚂蚁的信息传递
（摄影：马晓锋）
两只工蚁利用触角探询对方所属的"部落"或交流新的食物源。

灯蛾
（摄影：马晓锋）

（四）昆虫的鸣与听

对振动敏感的长触角

螽斯足上的听器

（摄影：马晓锋　协助：吴丽彬　标本制作：陈泉燕）

位于足上的"耳"

昆虫发音主要是由于摩擦（包括翅之间的摩擦、翅和足的摩擦以及足与腹部的摩擦等）或振动（如鼓膜器振动、气流振动和身体一部分振动）而产生的。已知能发音的昆虫分属在 16 个目之中，如蝉、蟋蟀、蝼蛄、螽斯和蝗虫都是人类熟知的昆虫界音乐高手。昆虫发音主要是进行交流，可以诱寻配偶、警避敌害和搜寻猎物。

昆虫的"耳朵"其实是隐蔽在昆虫身上不同部位的听觉器，外表有毛状或膜状的"鼓膜听器"，如蝗虫、蝉、仰泳蝽长在腹部，蟋蟀、螽斯长在腿上，而夜蛾长在胸腹之间。

蝗虫

（五）翅和飞翔

　　翅的产生与演化对昆虫的繁盛起了极大的促进作用。昆虫是最早飞向空中的动物，这一能力使它们能够逃避天敌并能有效地发现食物、配偶和新的栖息地。

　　昆虫的飞行主要是翅的上下运动和前后扭转的结果。飞机螺旋桨的工作原理与此相似。

　　翅除了可以飞行外，还有很多其他的作用：如有的昆虫的翅因变得坚硬而起防护作用；有的昆虫的翅可反射太阳光线，或用作存储空气与水分；有些昆虫的翅的色彩还可用来伪装，或用来吸引配偶，或吓跑天敌。

　　昆虫翅振动的频率变化很大：凤蝶、粉蝶4～9次/秒，蝗虫18次/秒，摇蚊100次/秒，苍蝇147次/秒，蜜蜂180～203次/秒，蠓可达1000次/秒。

犀金龟的起飞
（摄影：马晓锋）

　　犀金龟起飞时，打开鞘翅，可折叠的膜质后翅也随即张开，较大的后翅扭动使空气产生振动，虫体飞升。

展翅飞翔的甲虫

（六）昆虫的足

　　昆虫成虫在前胸、中胸和后胸上各有一对分节的足。昆虫的足原是适应陆地生活的行走器官，但在各个类群中，因生活环境和生活方式的不同，足的功能有了相应的改变，形状和构造发生了多样化的演变。

　　1. 胸足类型　常见的成虫胸足类型有以下几种。

　　（1）步行足：适于行走，较细长。如步行虫、金花虫、瓢虫、蝽等的足。

　　（2）携粉足：蜜蜂的后足，胫节宽扁，两边沿都有长毛相对环抱；第1跗节大且有成排的硬毛，用来采集和携带花粉。

　　（3）捕捉足：基节延长，腿节和胫节可以折嵌成折刀状，用以捕捉其他昆虫，有的还在腿节和胫节上生有刺列。如螳螂的前足。

　　（4）跳跃足：腿节特别膨大，胫节细长。如蝗虫的后足。

　　（5）游泳足：足扁平，边缘有较密的毛，用以划水。如田鳖、龙虱等水生昆虫的足。

　　（6）开掘足：胫节宽扁且有粗齿，适于掘土。如蝼蛄的前足。

　　（7）抱握足：跗节特别膨大，并有吸盘状构造。如雄性龙虱的前足。

　　（8）攀缘足：胫节外缘有1个指状突，跗节1

甲虫

甲虫的步行足

蜜蜂

蜜蜂的携粉足

螳螂

螳螂的捕捉足

蝗虫

蝗虫的跳跃足

田鳖

田鳖的游泳足

足的常见类型
（摄影：马晓锋　协助：吴丽彬　标本制作：陈泉燕）

节，前跗节为一钩状的爪，三者形成一钳状结构，适于抓住毛发。如虱子的足。

2.**行走方式**　昆虫走路用六条腿，那么它们是如何协调一致、行走自如的呢？

原来昆虫是用"三角支架法"来走路的，如善走的步行甲，当它起步时先以身体一侧的前足、后足与另一侧的中足构成一个"三角架"，让另 3 条腿抬起来举步，迈了腿的三个足着地后，又形成一个"三角架"支撑着身体，原先的"三角架"举步，往前迈，……于是昆虫巧妙地运用 6 条腿疾步如飞，并且以"之"字形前进。行走最快的昆虫速度可达 3 000 米 / 时。

3.**幼虫足型**　昆虫幼虫依其足数量的多少分为多足型、寡足型和无足型。

（1）多足型：除了有 3 对胸足之外，腹部还有足。

（2）寡足型：只有 3 对胸足，腹部无足或其他附肢。

（3）无足型：胸部没有足，腹部也没有足。

一厘米

多足型
（摄影：王峥）

寡足型
（摄影：李开琴）

无足型
（摄影：马晓锋）

（七）昆虫的食性

　　昆虫的食性和取食方式多种多样，按照食物的性质分为以下四个种类。

　　1. 植食性种类　以活的植物为食，包括蛀木的种类如天牛、食蜜的种类如蜜蜂、寄生植物体内的种类如潜叶蝇。

　　2. 肉食性种类　以活的动物为食，包括捕食性种类如螳螂、食血的种类如牛虻、寄生动物体内如寄生蜂或动物体表种类如虱子。

　　3. 腐食性种类　取食死亡或腐烂的有机体。包括食粪的种类，如蜣螂。

　　4. 杂食性种类　既吃动物性食物又吃植物性食物，如蜚蠊。

肉食性种类（螳螂）
（摄影：熊江）

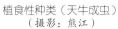

植食性种类（天牛成虫）
（摄影：熊江）

腐食性种类（蜣螂）
（摄影：马晓锋）

杂食性种类（蜚蠊）

蜜蜂采集花粉

三、昆虫的行为与习性

　　昆虫的行为和其他动物一样，有条件反射和非条件反射两大类。大多数昆虫的行为是非条件反射的，如假死、趋性和群集，所有的行为都因环境因素的刺激和虫体内生理机能与新陈代谢的需要和改变而引起。昆虫在长期的进化过程中在自然选择的作用下形成了很强的环境适应能力和高超的生存本领。

（一）昆虫行为

　　1.**昼夜节律**　　昆虫的行为与自然界中昼夜的变化规律相吻合。如蝴蝶白天飞舞,蚊子在弱光下活动,蛾子在晚上出没,有些蜂类也会在夜晚到灯下活动。

白天活动
（摄影：马晓锋）

夜晚活动
（摄影：吴丽彬）

　　2.**假死性**　　它是指当虫体受到某些刺激或突然的振动时，它的一切活动被抑制，身体蜷缩、呈现不动的状态，虫体则从它停留的地方或运动中跌落下来呈现"死亡"状，之后又可以复活的现象。借此逃避敌害的侵袭。其中以甲虫表现比较明显。

假死
（摄影：熊江）

3. **趋性** 昆虫通过感觉器官对外界光线、声音、温度、湿度及化学物质的刺激产生定向活动的现象。根据昆虫对外部刺激的反应而引起运动方向的追随和离弃分为正趋性和负趋性。趋性有利于昆虫的觅食、求偶、避敌和择居。

4. **群集性** 大量的同种个体高密度地聚集在一起的习性。一个虫态或者一段时间聚集在一起是暂时性群集，如图片中蝽的若虫；而终生聚集在一起为永久性群集，如群居型飞蝗一生都聚集在一起，集体取食，集体迁飞。

5. **社会性昆虫** 永久性群集的昆虫个体间有明显的分工和等级分化，并且子代与亲代一起生活（子女和长辈生活在一起），如白蚁、蚂蚁和蜜蜂。在一个群内有严格的"等级"制度，各成员有明确的分工、各司其职，群里的成员只能集体生活，个体离开集体后很难单独存活。

趋光性
（摄影：熊江）

暂时性群集的蝽若虫
（摄影：熊江）

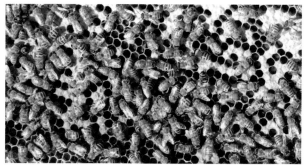

社会性的蜜蜂
（摄影：吴丽彬）

6. **迁飞行为** 成群并且有规律地从一个地方长距离地迁移到另一个地方的行为。昆虫的迁飞受个体生理条件和生态因素相互作用的影响。可以像候鸟一样季节性迁飞，如北美地区的君主斑蝶。这可能是因生殖系统发育的需要，还可因食物匮乏而寻觅新的食物源。在我国有分布的东亚飞蝗等具有迁飞习性。

（二）昆虫的防护本领

昆虫在进化过程中，在自然选择下获得有利于自己生存的特性，其防身自卫之术变幻莫测，最具特色且有趣的是保护色、警戒色和拟态。

1.保护色 动物体色具有与其生活环境背景相似的颜色。保护色能够使昆虫更好地隐蔽自己，免受侵害。有的昆虫体色也能随季节变化而改变。如螳螂春夏多绿色，秋天黄褐色居多。

螽斯模仿枯叶
（摄影：熊江）

夜蛾
（摄影：马晓锋）

2. 警戒色 它是指体色与其生活环境的背景有明显的反差以形成鲜明的警示颜色，似乎在警告其他动物：别碰我！有警戒色的昆虫往往具有毒毛、毒刺或能分泌有刺激性的体液。

更有的种类在静息时体色与栖息环境相同，一旦遇到敌害可以立即翻出隐藏在表皮下鲜亮的红、黄、黑、蓝色斑（或毛丛），把敌害吓跑。

亮丽的色彩
（摄影：熊江）

3. 拟态 它是昆虫为了保护自己而模拟另一种生物的现象。拟态与保护色同为昆虫的"伪装术"。拟态更进一步使虫体自身"装扮"成栖息场所中植物的一部分或其他动物的样子。这种模仿其他生物的本领，可以让昆虫能更好地存活，也体现出"自然选择，适者生存"的真理。

枯叶蝶模拟树叶
（摄影：马晓锋）

竹节虫模拟树枝
（摄影：马晓锋）

食蚜蝇模拟蜜蜂
（摄影：熊江）

蜜蜂

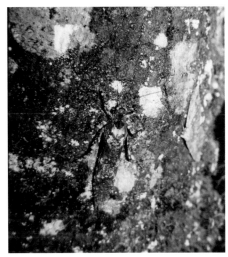

螳斯的伪装（模拟树皮）
（摄影：熊江）

4. **毒刺与毒毛**　昆虫体表的一些刺和毛与毒腺相连。有毒化学物质可产生于昆虫体内，也可从有毒的食料植物中获得。有些幼虫的毛、刺虽然无毒，但也可使皮肤或黏膜发生过敏反应。

阻止捕食者的刺
（摄影：马晓锋）

阻止捕食者的毛
（摄影：马晓锋）

（三）生命周期

　　昆虫的生命周期是指新的个体（卵或者幼虫）从离开母体到性成熟产生后代为止的发育过程，也称为一个世代。

　　昆虫在生长发育过程中，随着身体的不断长大，会出现产生新表皮、脱去旧表皮的现象，我们称之为蜕皮。绝大多数昆虫只在幼虫期蜕皮，因为几丁质外骨骼会限制幼虫长大，而蜕皮是受体内激素的控制。蜕掉的旧表皮被称为蜕。中药材蝉蜕就是蝉蜕掉的旧表皮。

　　虫体的大小或生长进程通常用虫龄表示，相邻两次蜕皮之间经历的时间叫作龄期。从孵化出来到第 1 次蜕皮前是第 1 龄幼虫；昆虫每蜕一次皮长一龄，这与我们人类过一年长一岁不同。

　　昆虫生长发育过程中从卵中孵化出来，经过一系列的形态变化而成为成虫的现象称为变态。不同类群的变态是不同的，主要分两类，即不完全变态和完全变态。

1. **不完全变态** 不完全变态昆虫的幼体阶段与成虫看上去非常相似，只是翅和生殖器官的发育不完全，如果有翅，则翅在体外发育。这种幼体经过一系列生长、发育、蜕变为发育成熟的成虫。它们的一生常经历卵、若虫（幼期）、成虫3个阶段。

2. **完全变态** 完全变态的昆虫一生需经历卵、幼虫、蛹、成虫4个阶段。其幼虫的形态构造与成虫完全不同，如蝇类的幼虫蛆，蝶类和蛾类的幼虫即毛虫。幼虫通过数次蜕皮到最后的老熟幼虫即停止取食。老熟幼虫蜕皮变成蛹。蛹是幼虫变为成虫的重要过渡时期，有多种形态。在其幼虫时期，体外见不到翅。

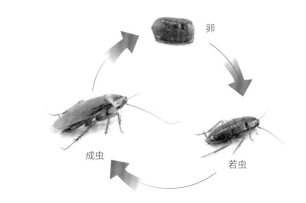

卵

成虫

若虫

蜚蠊的一生
（摄影：马晓锋　协助：吴丽彬）

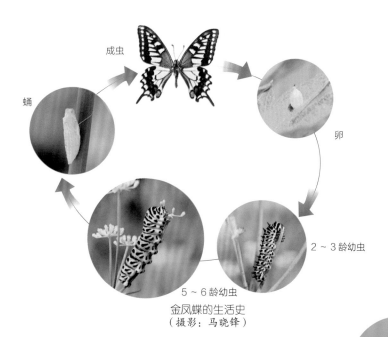

成虫

蛹

卵

2～3龄幼虫

5～6龄幼虫

金凤蝶的生活史
（摄影：马晓锋）

第二部分
明星昆虫总动员

对人类危害最大的昆虫——蚊子，每年约 300 万人死于其传播的疟疾、黄热病等疾病。

食量最大的昆虫——天蛾幼虫，出生 1 个月内可吃掉超过它体重 8 万倍的食物。

光能转换率最高的昆虫——萤火虫，可将 90% 的能量转换成光能。

力气最大的昆虫——蚂蚁，可支撑相当于其体重 300 倍的重量。

飞行能力最强的昆虫——飞蝗，可以一次连续不停地飞行 9 小时。

飞得最远的昆虫——君主斑蝶，可以从加拿大飞行 4 000 千米到墨西哥去越冬。

小眼最多的昆虫——蜻蜓，一只复眼由 28 000 个子眼晶体组成。

最美丽的昆虫——蝴蝶。

最凶猛的昆虫——螳螂。

对建筑物危害最大的昆虫——白蚁。

鸣声最大的昆虫——雄性的蝉（知了），远在 400 米之外都能听见它的叫声。

最长的昆虫——印度尼西亚产竹节虫，长 33.02 厘米。

国内最大的蛾子——冬青大蚕蛾，翅展达 26 厘米。

最小的蛾子——体长与翅展只有 0.2 厘米。

跳得最高的跳蚤——人蚤，有记录其跳高达 19.7 厘米，跳远达 33 厘米，人蚤体长仅 0.1 ~ 0.2 厘米。

寿命最长、个体最大的蟑螂——犀牛蟑螂，成熟需 5 年，寿命可以超过 10 年。

螳螂
（摄影：马晓锋）

43

天蛾幼虫
（摄影：李俊）

蛱蝶
（摄影：邹超）

蝇
（摄影：李俊）

蝗虫
（摄影：李俊）

伪瓢虫
（摄影：蔡丽珠）

萤火虫
（摄影：侯清柏）

多姿多彩的昆虫

螽斯
（摄影：马晓锋）

二、明星昆虫

（一）仪态万方的虫中一族——甲虫

甲虫是鞘翅目成虫的统称，身体外部有硬壳，前翅是角质、厚而硬，后翅是膜质，如金龟子、天牛、象鼻虫等。鞘翅目是昆虫纲中最大的一目，约有 40 万种。甲虫世界丰富多彩、仪态万方。

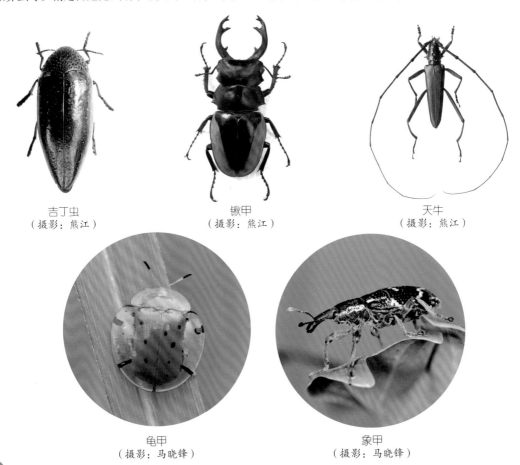

吉丁虫
（摄影：熊江）

锹甲
（摄影：熊江）

天牛
（摄影：熊江）

龟甲
（摄影：马晓锋）

象甲
（摄影：马晓锋）

格彩臂金龟（雌）
（摄影：马晓锋）

格彩臂金龟（雄）
（摄影：马晓锋）

知识链接

格彩臂金龟

　　属于大型甲虫，稀有种类。在云南东南部的亚热带林区有分布。雄虫前足的长度超过体部总长是彩臂金龟的主要特征。

　　国家二级保护动物。

（二）昆虫家族里的音乐家——蝉

蝉又称"知了"，属于不完全变态的昆虫，由卵、若虫、不经过蛹而变为成虫。刺吸式口器。雄虫腹部有发音器，能连续不断发出尖锐的声音，雌虫不发声。若虫生活在土里，以吸食植物根部的汁液为食。

蝉与蜕
（摄影：马晓锋）

羽化是指成虫从其前一个虫态蜕皮而出的过程。蝉的羽化通常在雨后或夜晚进行，若虫爬到一处安稳的枝条后开始羽化。头、胸最先从蝉蜕中脱出，身体倒挂，只有腹部末端还留在蜕壳中。稍作休息后，翻转身体爬到蜕壳上舒展双翅，几小时后待体色变深，翅变坚韧后，就能展翅飞翔了。

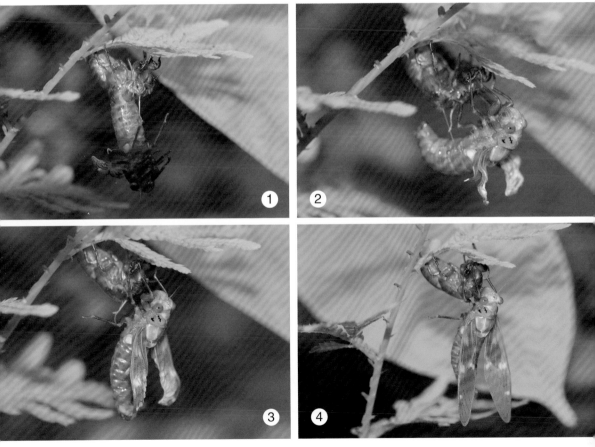

羽化
（摄影：邹超）

（三）言行独特的小精灵——蜜蜂

蜜蜂属于完全变态的昆虫，经历卵、幼虫、蛹和成虫（成蜂）4个发育阶段。嚼吸式口器。群体中有蜂王、雄蜂和工蜂三种类型，一个群体通常有1只蜂王，500～1 500只雄蜂，1万～15万只工蜂。白天采花粉、晚上酿蜜，为获取食物而不停地工作，同时还帮助植物完成授粉任务，是农作物授粉的重要媒介。

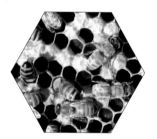

蜜蜂之家（六边形巢穴）
（制图：吴丽彬）

蜂王（蜂后）

雄蜂

工蜂

社会性等级

蜜蜂之间是通过舞蹈来传递信息的，因而称之为"舞蹈语言"。

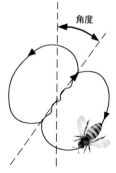

角度

蜜蜂的舞蹈
（左图：吴丽彬绘制；右图：熊江摄影）

蜂群
（摄影：熊江）

（四）大力搬运工——蚂蚁

　　蚂蚁也是一种社会性昆虫，属于完全变态的昆虫。咀嚼式口器。蚂蚁是"超级建筑专家"，它们筑造的蚁穴牢固、安全、舒适，道路四通八达，穴内有许多小室，这些小室各有用途。蚂蚁团队精神很强，它们在搬运食物时，若一只蚂蚁搬不动时，就会有两只、三只或更多的蚂蚁一起来搬运。

蚂蚁之力
（摄影：王峥）

蚂蚁个头虽小，可力气很大。可支撑相当于其体重约 300 倍的重物，能够拖运超过自身体重约 1 700 倍的物体。蚂蚁足里的肌肉是一个效率非常高的"原动机"，比航空发动机的效率还要高好几倍，因此能产生相当大的力量。

（五）夜幕中的小流星——萤火虫

萤火虫属于完全变态的昆虫。咀嚼式口器。它们身体狭长，体壁和鞘翅柔软，前胸背板平坦常盖住狭小的头部。腹部末端有发光器，成虫发光是引诱异性的信号。夜间活动，很多种类各虫态都能发光。幼虫喜欢生活在潮湿温暖且草木繁盛的地方。

萤火虫
（摄影：侯清柏）

夜空中飞行
（摄影：侯清柏）

飞翔的萤火虫

（六）捕虫高手——蜻蜓

蜻蜓是一类十分古老的昆虫，全世界约有 5 000 种，属于不完全变态的昆虫。咀嚼式口器。蜻蜓是世界上小眼最多的昆虫。其复眼能测速，当物体在复眼前移动时，每一个"小眼"依次产生反应，经过加工就能确定出目标物体的运动速度，加之强大的翅和足，使得它们成为昆虫界的捕虫高手。

蜻蜓
（摄影：马晓锋）

蜻蜓的复眼
（摄影：邹超）

授精

（七）因独特气味驰名的昆虫——蝽

蝽俗称臭屁虫，全世界已知约 5 万种，属于不完全变态的昆虫。刺吸式口器。大多植食性，部分种类捕食性。蝽具有臭腺，在幼虫时位于腹部背板间，成虫时则转移到后胸的前侧片上，遇危险时便分泌臭液，借此自卫逃生，这使它们"臭名远扬"。

正在交尾的蝽
（摄影：邹超）

猎蝽
（摄影：熊江）

荔蝽
（摄影：马晓锋）

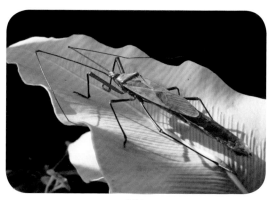

红蝽
（摄影：熊江）

盾蝽
（摄影：马晓锋）

（八）美丽的天使——蝶与蛾

蝴蝶与蛾被视为美丽的化身，它们都有两对翅，善于飞舞。同属鳞翅目，属于完全变态的昆虫。拥有特别的虹吸式口器。蝴蝶与蛾看起来十分相似，一般人常将蝴蝶与蛾混为一谈，其实，它们是两类不同的昆虫。

蝶　　　　　　　　　　蛾

	蝶	蛾
触角	锤状、棍棒状	丝状、羽毛状
腹部	瘦长	短粗
休息时状态	四翅立于背上	四翅平覆
活动时间	白天活动	夜间活动（少数例外）

蝶与蛾的区别

知识链接

金斑喙凤蝶

中国的特有物种，极为罕见，被誉为"中国国蝶"。分布于海南、广东、福建、广西、浙江、江西等少数地区。

国家一级保护动物。

金斑喙凤蝶
（摄影：马晓锋）

蝴蝶翅上的鳞片不仅能使蝴蝶艳丽无比，还像是蝴蝶的一件"雨衣"。因为蝴蝶翅的鳞片里含有丰富的脂肪，能把蝴蝶保护起来，所以即使下小雨蝴蝶也能飞行。

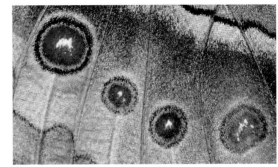

蝶翅
（摄影：马晓锋）

灰蝶
（摄影：马晓锋）

大蚕蛾
（摄影：熊江）

（九）凶残的杀手——螳螂

螳螂为捕食性昆虫，形态特异，拥有镰刀状捕捉性的前足，属于不完全变态的昆虫。咀嚼式口器。动作敏捷，"静如处子，动如脱兔"，以有刺的前足牢牢钳食它的猎物。受惊时，振翅沙沙作响，有的还有鲜明的警戒色。常见于植物上，体色可像绿叶或枯叶，也能模拟细枝、地衣、鲜花或蚂蚁。依靠保护色、拟态不但可躲过天敌，而且在接近或等候猎物时不易被发觉。雌虫交配后常吃掉雄虫，刚刚孵出的若虫们也常互相残杀。

螳螂
（摄影：上，马晓锋；下，熊江）

卵鞘
（摄影：马晓锋）

捕
（摄影：邹超）

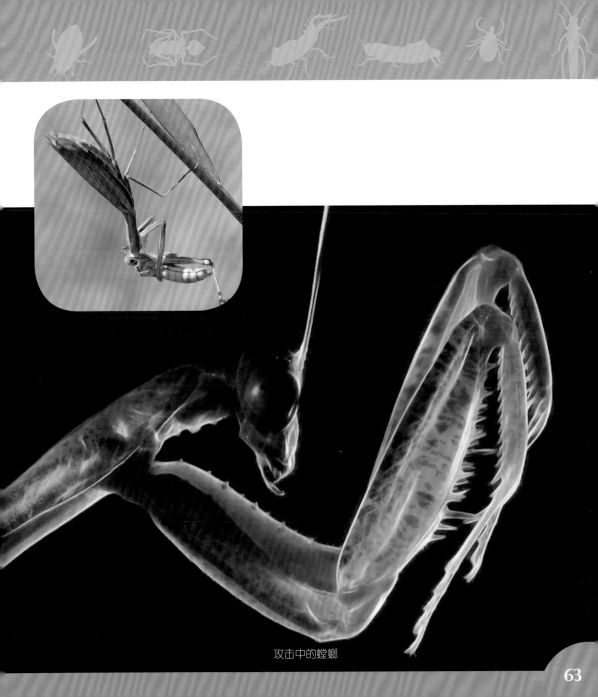

攻击中的螳螂

（十）对健康危害最大的昆虫——蚊子

　　蚊子是一种众人厌恶的纤小飞虫，全世界约有 3 000 种，属于完全变态的昆虫。刺吸式口器。通常雌蚊以血液为食物，而雄蚊则吸食植物的汁液。吸血的雌蚊是登革热、疟疾、黄热病、丝虫病、日本脑炎等一些病原体的中间寄主。据研究，蚊子传播的疾病达 80 多种，蚊子被认为是对人类健康危害最大的动物之一。

　　几乎每个人都有被蚊子"叮咬"的不愉快经历，事实上应该说被蚊子"刺"到了，它用 6 支针状构造的口针刺进人的皮肤，这些短针就是蚊子摄食用的口器。蚊子的唾液中有具舒张血管和抗凝血作用的物质，它使血液更容易汇流到其叮咬处。被蚊子叮咬后，被叮咬者的皮肤常会出现包块和发痒症状。

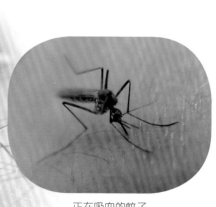

正在吸血的蚊子
（摄影：莫明忠）

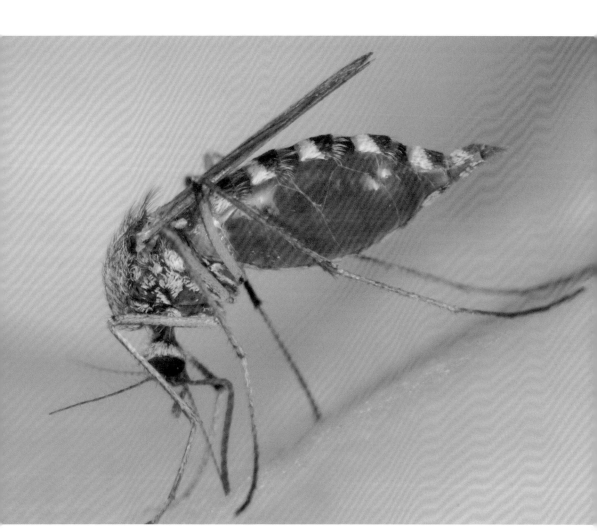

吸血之"吻"

（十一）科研功勋——果蝇

　　果蝇广泛存在于温带及热带地区，目前有1 000种以上的果蝇物种被发现，属于完全变态的昆虫。舐吸式口器。大多数果蝇以腐烂的水果或植物为食，少数取食真菌、树液或花粉。由于体型小，很容易穿过纱窗，因此在日常生活中很常见。

　　果蝇只有四对染色体，其染色体数量少而且形状有明显差别；果蝇有很多变异性状，如眼睛的颜色、翅的形状等，这些特点为遗传学研究提供便利，而且果蝇饲养容易，繁殖快，生活史短，被广泛用于遗传和进化研究。

　　果蝇是荣获2012年度国家自然科学二等奖的项目"年轻新基因起源和遗传进化的机制研究"（获奖者为中国科学院昆明动物研究所王文研究员）的主要实验动物之一。

果蝇与遗传进化

果蝇复眼与口器

（十二）生命力顽强的"小强"——蜚蠊

　　蜚蠊（蟑螂）泛指蜚蠊目昆虫，目前有 4 000 多种被定名。属不完全变态的昆虫。咀嚼式口器。

蟑螂是这个星球上
最古老的昆虫之一。
据化石显示，亿万
年来蟑螂的外貌变
化不大，生命力和
适应力却越来越强，
今天它们广泛分布
在世界各个角落。

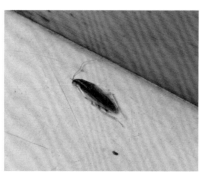

家中常见的蜚蠊
（摄影：李开琴）

野外偶遇的蜚蠊
（摄影：马晓锋）

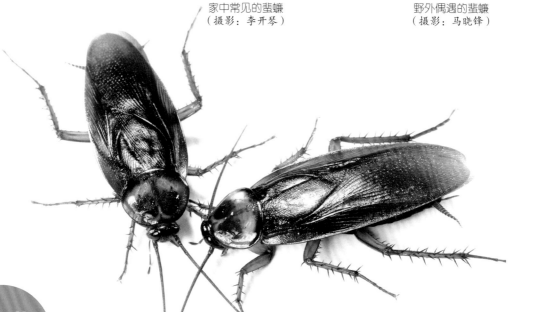

取食吐司的蜚蠊

（十三）自然界的"清道夫"——蜣螂

蜣螂俗称屎壳郎，全世界有 20 000 多种，属于完全变态的昆虫。咀嚼式口器。大多数蜣螂以动物粪便为食，有自然界"清道夫"的美誉。

蜣螂常将动物粪便制成球状，滚动到安全的地方藏起来，然后再慢慢吃掉。一只蜣螂可以滚动一个比它身体大得多的粪球。处于繁殖期的雌蜣螂在粪球中产卵，孵出的蜣螂幼虫以妈妈为它准备的粪球为食。

蜣螂滚粪球
（摄影：熊江）

即将完工的粪球

第三部分

昆虫与人类

　　昆虫与人类的关系十分密切，人们开发利用昆虫资源的历史也很悠久，昆虫资源包括昆虫产物如分泌物、排泄物、内含物及昆虫虫体。以用途分类有工业原料昆虫（紫胶虫、白蜡虫、五倍子蚜虫、胭脂虫等），药用昆虫，食用昆虫（包括产蜜昆虫），饲料用昆虫，授粉昆虫，天敌昆虫，环保昆虫（粪金龟），观赏昆虫（包括宠物昆虫）和实验昆虫等。近年来在昆虫几丁质利用、昆虫抗菌蛋白利用、昆虫激素利用和昆虫基因研究等方面取得了长足的进步，这为人类的经济发展和社会进步发挥作用。

在人们的日常生活中，无时无刻不与昆虫发生着直接或间接的联系。农业为我们的衣食之源，人类栽培的所有植物都会受到昆虫取食、传病等危害，如取食水稻的稻纵卷叶螟，一般会使水稻减产10% ~ 20%，严重时甚至造成绝产；菜粉蝶的幼虫叫菜青虫，与我们争食油菜、甘蓝、花椰菜、白菜、芥蓝等蔬菜；为害棉花的棉铃虫，据报道在1992年导致我国棉花减产至少30%；麦蚜不仅吸食小麦的营养物质，还传播小麦黄矮病，造成小麦减产。植物的产品在加工、储存、运输和使用中也会受到昆虫的侵害。

同时，约有80%的植物是通过昆虫传播花粉繁殖后代的，传粉昆虫为人类的农、林、果、蔬增产做出了巨大贡献。有研究认为，蜜蜂授粉可以使荞麦增产50%左右，油菜增产40%以上，棉花产量提高12% ~ 15%，水果增产至少50%。

鲜花上的蚜虫
（摄影：李开琴）

取食向日葵的金龟子
（摄影：李开琴）

二、工业与昆虫

　　紫胶色素在食品工业和印染工业上大量应用，白蜡是轻重工业上的重要原料，从五倍子中提炼出的单宁酸及再加工产品倍酸、焦倍酸等是多种工业的重要原料。此外，中国具有悠久的养蚕历史，家蚕、柞蚕和蓖麻蚕的丝是纺织工业上的重要原料。

蚕

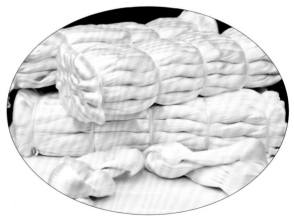

蚕茧

蚕丝

三、食药与昆虫

　　昆虫体内含有丰富的蛋白质、氨基酸、脂肪、糖类和多种维生素及微量元素。中国食用昆虫早在3 000多年前就有记载，国外食用昆虫的国家遍及五大洲，其中以中美洲的墨西哥最为有名，被誉为"食虫之国"。

　　中国人不仅食用昆虫，更以"食药同源，寓医于食"将昆虫入药治病，中药材中的昆虫有百种之多，如冬虫夏草、斑蝥、白僵蚕、虻虫、九香虫、鼠妇、蝉蜕等。目前，许多专家、学者正在探索中药的现代化之路，其中中国科学院昆明动物研究所赖仞研究员领导的团队利用现代科技研究了虻虫作为重要传统抗血栓中药的分子机制，他们已从虻虫唾液腺中识别了九大类56种功能分子，这些活性物质主要作用于宿主的心血管系统和免疫系统，具有抗血液凝固、抗血栓和抗免疫排斥反应等作用。这些成果从分子水平上直接证明了虻虫的抗血栓功效和其抗血栓的分子机制，并发现了多种作用于血液系统和免疫系统且具有潜在药用价值的先导结构分子，为虻虫的中药现代化研究打下了坚实的基础。

　　常见的可直接食用的昆虫有蜂幼虫、蜂蛹、蚕蛹、稻蝗、蚁、蝉、田鳖和荔蝽等。

昆虫食材
（摄影：周伟）

餐桌上的美味佳肴
（摄影：左，莫明忠；右，钱砚燕）

蜜蜂浑身是宝，蜂蜜、蜂王浆、蜂毒等都是医药、食品工业上的重要原料。

蜂巢与蜂蜜
（摄影：王峥）

冬虫夏草

"冬天为虫，夏天为草"。冬虫夏草是麦角菌科的虫草菌在特殊条件下寄生在蝙蝠蛾幼虫身体而形成的菌虫复合体，是一种中药材。

冬虫夏草
（摄影：莫明忠）

四、人文观赏与昆虫

在我们的生活中，昆虫文化随处可见。无论是文化艺术还是民俗风情，均可以捕捉到昆虫的踪影。尤其在我们这样一个民族众多的国度里，昆虫文化丰富多彩，如昆虫邮票、昆虫钱币、昆虫书画、涉虫诗词、昆虫工艺品及服饰、昆虫文字，以及民俗风情中的昆虫、昆虫节目、昆虫鸣声文化等。

蝴蝶邮票

蝶翅艺术品
（摄影：吴丽彬）

随着人们对昆虫认识的不断深入和昆虫学的持续发展，桑蚕纺织、养蜂酿蜜、民间斗蟋、害虫治理、蝴蝶工艺、昆虫食品等都各成体系、逐渐丰富，与人民生活密不可分。

结束语

　　昆虫世界绚丽多姿，奥妙无穷，这里向您展示的不足万一。唯愿这些图画给您些许知识的小餐、美的欣赏。昆虫是人类的"六足朋友"，人类也遭遇它们带来的烦恼，然而探索它们生存的奥秘，将是我们尊重自然、热爱自然、保护自然的科学表达。

　　一种昆虫对人类而言是害虫还是益虫，往往会随着人类科技的发展和对昆虫认识的逐渐深入而发生变化。例如，在远古时期，我们的祖先是依靠野果为生的，桑葚（桑树的果子）是美味的食物，而桑蚕吃桑叶，桑葚的产量会下降，此时的桑蚕是害虫还是益虫呢？当人们发现桑蚕吐的丝可以纺成丝绸时，人们又用桑叶大量饲养桑蚕，这时的桑蚕是害虫还是益虫呢？养蚕的发展过程中，会出现蚕被白僵菌感染而僵死，白僵蚕的出现是坏事还是好事呢？中医发现白僵蚕可以祛风解痉、化痰散结、治中风失音、惊痫、喉痹、瘰疬结核和乳腺炎等。您又如何看待被白僵菌感染而死的蚕呢？

虫语
（摄影：王峥）

蝽
（摄影：马晓锋）

主要参考文献

［1］北京农业大学.昆虫学通论（上、下册）［M］.北京：农业出版社，1980.

［2］南开大学，中山大学，北京大学，四川大学，等.昆虫学［M］.北京：人民教育出版社，1980.

［3］乔治·C.麦加文.自然珍藏图鉴·昆虫［M］.王琛柱，译.北京：中国友谊出版公司，2002.

［4］（德）萨比娜·斯特格豪斯-考瓦克／文，（德）阿尔诺·科尔布／图.有趣的昆虫［M］.徐侃，译.武汉：湖北教育出版社，2009.

［5］天津人民美术出版社，天津自然博物馆.自然王国奥秘·昆虫［M］.天津：天津人民美术出版社，2000.